影のなかでも特に壮大な例が、ブロッケン現象（別名ブロッケン
の妖怪）だ。太陽の反対側にある雲ないし霧に自分の影が怪物の
ように巨大に映る現象で、ドイツのハルツ山地にあるブロッケン
山でよく見られることからその名前がついた。

影の不思議

光がつくる美の世界

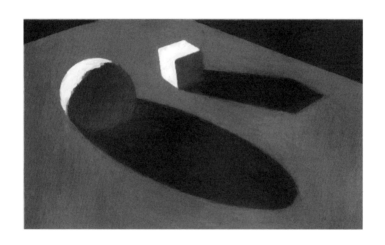

ウィリアム・ヴォーン 著　駒田 曜 訳

創元社

　素晴らしい造本とデザインで私の文章を引き立てて下さったジョン・マーティノウとWooden Books社の皆さんに感謝する。ピッパ・ルイスは貴重な画像資料を提供し、ペク・ペビンは草稿を読んで多くの有益な指摘をして下さった。また、日時計に関するアドバイスを頂いたシモーン・シーカーズ、58ページのリチャード・スタインの素晴らしいイラストを紹介するなどいくつもの助言を与えて下さったデイヴィッド・シーカーズにもお礼を申し上げる。

　　この世で一番美しいものは影に違いないと思った。影の何百万と変化するその形、光を集めて飲みこんでしまう袋小路。引き出しの中にもクローゼットの中にもスーツケースの中にも影は存在する。家や木や石の下に潜む影。人の目や微笑の裏に見える影。地球のどこかに必ず訪れる、何マイルも何マイルも何マイルもつづく影。

　　　　シルヴィア・プラス『ベル・ジャー』(青柳祐美子訳、河出書房新社より)

マーティン・スミス「シャドウ・ダンス」(1930)
Courtesy Estate of Martin Lewis, with thanks to Robert Newman.

もくじ

エイミー・ジョンソン『日光』（1892）の挿絵に描かれた木漏れ日。鬱蒼と茂る林冠の小さな隙間がピンホールカメラの役目を果たし、無数の小さな太陽の像を地面に映し出している。日食の際には、日光が月に遮られるにつれて小さな円すべてが欠けていく。

はじめに

影とは何か？　物体が光線を遮ることで生じる暗い部分のことだ。例えば本書の扉絵を見てみよう。球と立方体があり、それが左上の光源からの光を遮って影を作っている。光は普通は直進するため、物体を回り込むことができない。そのため、物体の両側をまっすぐ通り過ぎる。

　物体によって光を遮られた部分の空間も、物体の本体で光の当たっていない側の面も、暗いままだ。影は光と密接な関係にある。影と光は相反しつつ互いに対になるもの、陰と陽である。両者は一緒になって宇宙の根本的二重性のひとつを形成する。すなわち、互いに自らの性質を示すためには相手を必要とする対立物なのだ。

　影はわれわれの「物の見方」の中で重要な役割を果たしている。実際、人類は影に対する認識によって根本的に条件付けされてきた。哺乳類が影に敏感になったのは、身を守るため森に住んでいたからだと考えられている。生き延びるために森の影による保護を必要としなくなって久しい人類だが、哺乳類としてのわれわれの目は今も暗闇の微妙なニュアンスを感じ取る力を持っている。

　本書は、影の性質や、われわれにとって影が持つ意味について考察した本である。自然界の影から想像の中の影まで幅広く取り上げた。また、芸術家が写実的な表現手法を完成させるため、あるいは情景や内面を探求し表現する手段として、影の使い方をいかにして発見し身につけてきたかにも目を向ける。

影の名前

光源、面、キャストシャドウ、フォームシャドウ

あらゆる影は、光線の通り道を不透明な物体が遮ることで生じる。しかし、物体と光の関係に応じて影の性質はさまざまに異なる。

われわれが影と言われて真っ先に思い浮かべるのは、光に照らされた物体が光源と反対側に投げかける影、つまり「キャストシャドウ」（右ページ上の図を参照）だろう。しかし、その物体自体の、光が当たっていない面にも影ができる。これを「フォームシャドウ」と呼ぶ。キャストシャドウと同様に、光が当たっていないことでできるが、見た目はだいぶ異なる。フォームシャドウには、外形の量感（ボリューム感、立体感）を明らかにする効果がある。

キャストシャドウも、空間や量感を知るのに役立つ。しかし、キャストシャドウには他にもいくつかの性質があり、それによって別種の重要な意味を持つ。キャストシャドウは物体の投影であるため、その物体の形を再現するが、多くの場合（例えば光源の違いによって）、元の物体の形そのままではなく歪んだ形になる（下図）。さらに、それは物体とつながっている必要はない。つながっているのは物体が影と同じ面の上にある時だけで、物体が面から離れている場合、キャストシャドウは完全に独立したものになる。ドラマチックな効果を出すのに便利なキャストシャドウだが、後述するように、科学的な計算にも利用できる（14ページ）。

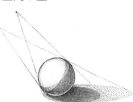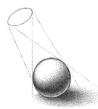

2

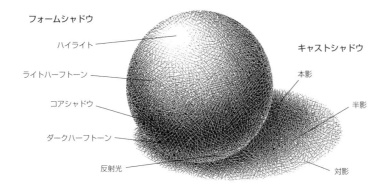

フォームシャドウ

ハイライト

ライトハーフトーン

コアシャドウ

ダークハーフトーン

反射光

キャストシャドウ

本影

半影

対影

上：フォームシャドウとキャストシャドウの各部分の名前。

下：リチャード・ブラウンの『実用的な透視図法の諸原理』(1815) の図。窓の外の月に注目。

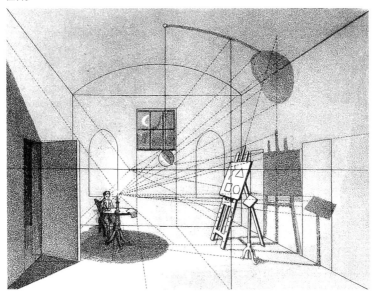

3次元の影

立体的な影、環境光による影

キャストシャドウは平面的に見える。しかし、その影が作り出す暗い領域は、実際には3次元的に投影されている。

壁の片側に太陽の光が当たっているところを想像してみよう。太陽と反対側の地面には、壁の影が平らに落ちている（下左）。次に、壁から少し離れた場所でその影の上に人が立っているとする（下中央）。上半身は日光を受けて明るいが、下半身は壁が作る影の中に入って薄暗くなる。つまり、影の部分は、実際には三角柱の形をした3次元になっている（下右）。暗い部分のほとんどは、当たるものがないので目に見えない。しかし、その部分の光が減っているという意味では、影響を及ぼしている。

この効果は、われわれがたいていは複雑に入り組んだ光の具合の中で影を見ているという点でも、重要な意味を持つ。単一の光源が単一の影を作っているような状況は、ごく稀にしかない。ほとんどの場合、光は単一の光源から来てはいないのだ。たとえ光源がひとつであっても、その光はさまざまなものに反射して断片化され、実質的にはたくさんの光源があるのと同じで、それぞれが独自の影の体系を作り出す（右ページ下の図）。われわれが見ている薄暗い部分は、たいていそうした複数の光源から作られている。このように、数えきれないほどの要因が合わさって明暗が作られる効果を環境光（アンビエント光）という。

 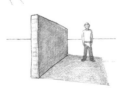 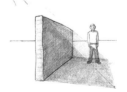

「日光」（著者画）。窓から差し込む太陽の光は、くっきりとした投影像――ある種の「裏返しになった」影――を形作る。また、周囲の壁に反射した環境光による影（アンビエントシャドウ）もできる。

影が見える仕組み

これは影？　それとも穴？

影を見ることができるのは、目の網膜に光の存在を感知する受容細胞（視細胞）があるからだ。視細胞には錐体細胞と桿体細胞の2種類がある。錐体は光の三原色（赤、緑、青の3色で、その混合によってわれわれに見えるすべての色ができる）を感じ取り、桿体は明暗のみを感知する。人間の場合、錐体は網膜の中心部、桿体は周辺部に多く分布する傾向があり、視野の中心に光が多く集まる昼間よりも、夜の方がより広い範囲を見ることができる。黄昏どきにはすべてが青緑色がかって見えるが、これは、薄暗いために桿体と錐体の両方が一緒に働き、錐体は特に緑の光に反応しやすいからである。

不思議なことに、真っ暗闇では桿体細胞と錐体細胞がフルパワーで働き、光の量が増えると視細胞から脳に伝達される信号のレベルが下がる。このページの文字は黒く、光を発していないので、受容細胞の活動を十分に引き出す。一方、文字の周囲の白い紙は、受容細胞に刺激と抑制の両方の作用を及ぼす。すると、脳は白い"ネガティブな"背景の上に黒を"ポジティブな"形として捉える。この仕組みはまた、影が実際には光の欠如であるにもかかわらず、われわれが影を暗いまだら模様としてポジティブに「見る」ことをも可能にする。

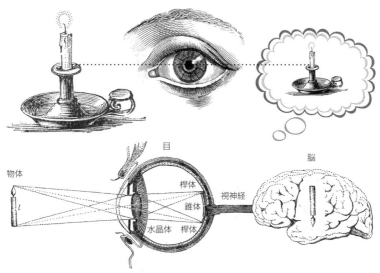

物体

目

桿体

錐体

視神経

水晶体

桿体

脳

上：人間の目は、脳の中で唯一外界に直結している部分である。像は倒立して脳に伝わり、その後、脳が再び正しい方向に反転させる。

左：アーサー・ラッカムのイラスト「裸の王様」（1932）。王様の行列が影で描かれている。

左ページ：影を黒いまだら模様として見ると、状況によっては問題が起こる。目の前の地面に黒い場所が見えたとして、それは地面の上にできた影かもしれないし、もしかしたら何もない空洞、つまり地面にあいた穴かもしれない。たいていは、どちらか見分けるための補助的な手掛かりが十分にあるものだが、そうでない時もある。動物の中には人間よりも識別力が低いものがいて、例えば、牛は穴があるのではないかと恐れて濃い影の中には入らないと言われる。

夜
地球の影

影に対する理解と認識の出発点として、自然界に存在する影を取り上げよう。われわれが目にする現象で影が関与していないものはほとんどない。

われわれが経験する最大の影は、地球の影だ。それは「夜」と呼ばれる。太陽の光が地球に当たると、地球の半分ほどが暗闇に包まれる。それが夜だ。地球は自転しているので、地球のすべての場所が夜という名の影を定期的に経験する。日々起こる光と闇の繰り返しが、われわれのありかたを形作ってきた。夜はわれわれの生活リズムを調整するだけでなく、荘厳なものも与えてくれた。そう、地球の影たる夜があるからこそ、人は果てしない宇宙を覗き見ることができるのだ。17世紀の形而上学者、トマス・ブラウンはこう言っている。

　ものを見ることを可能にしてくれる光は、ものを見えなくもする。暗闇と地球の影がなければ、天地創造の最も崇高な部分は見えないままであり、天の星々も4日目と同様に見えないままだったろう〔聖書の記述では、神は天地創造の4日目に太陽と月と星を作った〕。
　　　　トマス・ブラウン『キュロスの庭園』
　　　　　　　　　　　　　　　（1658）

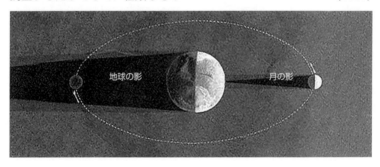

地球の影　　　　　　　月の影

昼
太陽の光が地球の大気で拡散
され、宇宙はよく見えない。

夜
太陽の光が遮られた地球の影
の中では、宇宙が見える。

左：太陽光で星が見えない「昼」と、宇宙が
見える「夜」。

下の2枚：月の影。左はグウェン・レイヴ
ラット「月明りの工場」(1947)、右は著者
の「線路を照らす月光」。

　電波望遠鏡や宇宙望遠鏡によって夜空よ
りさらに遠くを見られるようになったの
は、ごく最近である。見えているものの向
こうにまだ何かがあるという予感がなけれ
ば、それらの装置は開発されなかったので
はないだろうか？　天や天人という概念
は、言うまでもなく、太古の昔に人間が見
た"夜空の向こう"のビジョンから生み出
された。それは、「足りないものがある方
が良い」ということわざを雄弁に物語る例
であり、影の世界のより深くより内省的な
体験を代表している。

9

日食と月食

太陽と月と地球が作る影

われわれが地球の影を体験するのは、ほとんどの場合、夜にその影に包まれる時である。しかし、特定の条件が揃うと、太陽が西に沈む時に東の地平線上に地球の影が投影されるのをちらりと見ることができる。

地球の影をさらに劇的に見られるのが、影が月にかかる時だ。地球が落とす影を受け止めるスクリーンの役を果たせるくらい大きくて近くにある天体は、月だけである。昇ってきた満月の下側が地球の影に遮られているように見えることが時折ある。もっと神秘的なのは、空の高い位置にある満月を地球の影が横切るという、めったにない現象が起きた時だ。これが月食で、地球の影に入った月は赤黒くなり、普段よりはるかに大きく見えて、あたりは不気味な雰囲気に包まれる。

月の影は、地球の影と同様に、太陽の光によって作られる。太陽と反対側の月面にできる月の影は真っ暗なので、地球からは、まるで月の形が変わっていくように見える。月が実際に丸くなったり細くなったりしているかのように、「月が満ちる」「月が欠ける」という表現が使われるのはそのためだ。月にできる影は月の見た目の形を生み出しているだけでなく、日食の時には月の影が地球に投げかけられる。月の全部または一部が地球と太陽のちょうど間の位置に来て、月の影が地球上に落ちる現象が日食である。影の中にいる人には太陽が欠けて見えるのだ。

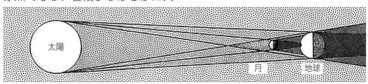

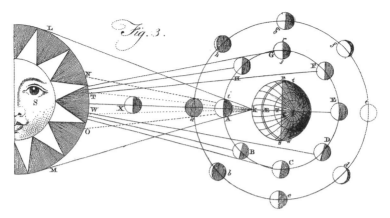

『ブリタニカ百科事典』の1771年版の図。地球の周りに描かれた2つの円のうち内側には月への日光の当たり方、外側には8つの月相（地球から見た時の月の形、新月、三日月、上弦、満月、下弦など）が描かれ、日食時の円錐形の影も示されている。月は常に同じ面を地球に向けている。

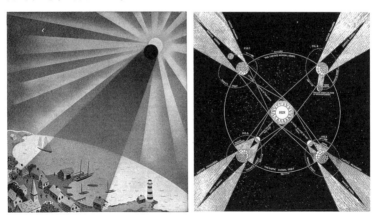

左：日食。月が太陽の前を通過する。1912年の『イラストレイテッド・ロンドン・ニュース』紙より。

右：太陽と月の影と日食のイラスト。エイサ・スミス『図解天文学』（1849）より。

左ページ：本影（太陽の光が全く届かない部分の影）と、半影（太陽の光が部分的に遮られた影）。

影で時をはかる

日時計

太古の昔から、地球上では自然の影を使って計算をしてきた。太陽が空を移動するにつれて影の位置が動き、正午には影が最も短くなる。これを利用すると、時間の測定が可能になる。影を用いる時計として最も有名なのは日時計だ。自然の日時計と人工の日時計があ

り、下図は英国のキャッスルバーグの巨大な石灰岩が作る影による「自然の日時計」の例（サミュエル・バックの1720年の版画より）。人工の日時計は紀元前1500年頃の古代エジプトに既に存在し、時を知るために使われていた（右ページ）。

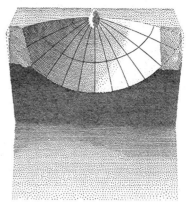

左上：昔はユグノー派礼拝堂だったロンドンのブリックレーン・モスクの「ウンブラ・スムス」日時計。*Pulvis et Umbra sumus*（われわれは塵であり影である）はローマの詩人ホラティウスの詩にある言葉で、日時計によく使われる。

右上：列王記に記された紀元前700年頃の「アハズの日時計」の模型。

左：窓用日時計。紐が壁に影を作って時を知らせる。レイボーン『日時計製作技法』（1700）より。

下：エジプトの王家の谷で発見された紀元前1200年頃の日時計。

距離の計算

不可視の可視化

　紀元前6世紀のギリシャの哲学者タレスは、大きすぎて通常の方法では測れない長さでも影を利用すれば計算できることに最初に気付いたと言われている。タレスはその原理を使い、当時世界で最も高い建造物であったギザのクフ王の大ピラミッドの高さを計算した（右ページ上）。

　その数世紀後、エラトステネス（紀元前276-194年）は、シエネの深い井戸の底に太陽の光が届く時にアレキサンドリアで垂直棒の影が作る角度を測り、その数値とアレキサンドリアとシエネの間の距離をもとに、地球の周長を算出した（右ページ下）。

　投影された影が、他の方法では見ることができない対象物の特性を明らかにすることもある。これは、肉眼では見えなくても、光を不均一に屈折させる部分が影によって明らかになるからだ。現代では、シャドウグラムと呼ばれるこの現象を科学研究に利用して、空気や水やガラスなどの透明な媒体の不均一性を可視化している（下の写真はその例）。

温石 via Flickr

14

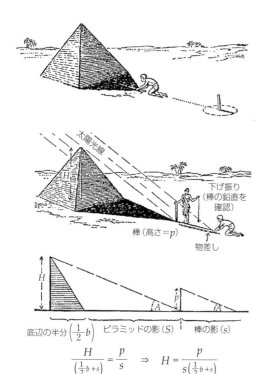

棒（高さ＝p）

下げ振り
（棒の鉛直を確認）

物差し

H

太陽光線

底辺の半分$\left(\frac{1}{2}b\right)$　ピラミッドの影（S）　棒の影（s）

$$\frac{H}{\left(\frac{1}{2}b+s\right)} = \frac{p}{s} \quad \Rightarrow \quad H = \frac{p}{s\left(\frac{1}{2}b+s\right)}$$

左：タレスは三角形の相似の原理を使って、大ピラミッドの高さを算出した。

ひとつの方法（上の絵）は、地面に棒を立て、その棒の長さと影の長さが同じになる瞬間を待つことだ。太陽光線は平行なので、その瞬間の大ピラミッドの影の長さ（に底辺の半分を加えた値）が、ピラミッドの高さに等しい。

真ん中の絵は、晴れていればいつでもできる方法を示している。単純にピラミッドと棒の影の長さを測り、物体と影が作る三角形が相似であることを利用してピラミッドの高さを計算する。

最下段は、ピラミッドの高さをHとした場合の計算式とその図解。

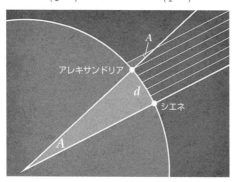

A

アレキサンドリア

d

シエネ

A

左：エラトステネスは「三角形の相似」の原理で地球の周長を計算した。彼は、太陽がシエネで全く影を作っていない時に、アレキサンドリアで垂直な棒とその影が作る角度Aを測定した。Aが円の中心角360度の50分の1であることを発見した彼は、両都市の間の距離dに50を掛けて地球の周の長さを求めた。

影と魂

人生は歩き回る影法師にすぎぬ

ある意味で、すべての影は心の中にある。われわれが影として見ているものは、目が捉えた光の割合の違いを伝える信号を受け取った脳が作り上げたものだからだ。しかし、影に対する心理的な反応もあり、最も強い反応はキャストシャドウに関連して生じる。なぜなら、キャストシャドウはしばしば物体の形を歪めて再現するからだ。例えば、下のグウェン・レイヴラットの木版画のように。

古代の社会においておそらく最もよく見られたのは、人の影と魂を結びつける考え方だろう。人類学者のジェームズ・フレーザー (1854−1941年) は有名な研究書『金枝篇』の中で、メラネシアや中国におけるこの関連付けの事例を多数記録している。中国では、葬儀の際に自分の影が棺にかからないようにする習慣があった。魂が棺に入ってしまうのを恐れたのだ。メラネシアでは、影と魂の結び付きがあまりに強いため、誰かの影を刺すことでその人間を殺せると信じられていた。

夜明けに墓から出てくる魂と影。ネフェルベネフのパピルス（紀元前1400年頃、ルーヴル美術館所蔵）。古代エジプトでは魂と影が密接に結びついていた。人間の影（シュト）は魂の主要構成要素のひとつで、その人の特徴を備え、常にその人とともにあるとされていた。誰かや何かをかたどった像が影と呼ばれることもあった。影はまた死のひとつの形で、犬の頭を持つ冥界の神アヌビスのしもべであった。

ヘルマン・ヴァイヤー「冥界のエウリュディケ」（1620）。ギリシャ・ローマ神話でも、魂が影と関連付けられている（魂は人を構成する2つの要素のうち片方で、もう片方は身体）。ギリシャ神話の冥界では、住人が影のような亡霊として描写される。

プラトンの洞窟

より高次の状態と、その影による思い込み

想像の影のうちで最も影響力が大きかったもののひとつが、ギリシャの哲学者プラトン（紀元前429–347年）の思想の中の影である。プラトンの影は、これまで述べてきた影とは異なり、人間の魂のあらわれや代理物ではなく、思い込みを誘う像である。

その影は、プラトンの『国家』の第7巻で語られる比喩の中で登場する。彼は（というよりも彼が代弁者として使ったソクラテスは）、影を使って、われわれは狭い視野でしか現実を経験していないことを示した。彼は人間を、暗い洞窟の中の囚人にたとえる。囚人は縛りつけられていて、正面の壁しか見ることができない。彼らからは見えない背後では、人々が火の前にいろいろな物を掲げている。囚人たちに見えるのは、洞窟の壁に映し出されたそれらの物の影だけである。囚人たちは影でしか物体を知ることができないため、影を実体と思い込む、とプラトンは言う。

このプラトンの比喩にはさまざまな解釈がある（右ページのキャプション参照）。

プラトンの「洞窟の比喩」。ある人々は、ここでいう“経験から見えるものは視野が限られていること”は人間の普段の視野の狭さを表しているとして、哲学的な探究心と自問自答によってのみ影を真実の知識に置き換えることができる、と考える。しかし、この話にはもっと神秘的な解釈もある。それは、われわれが経験する世界のすべては、われわれの手の届かない高次の現実の影にすぎないというものだ。この考えは、歴史の中で大きな影響力を持ってきた。キリスト教では、その高次の理想的な世界を「天国」と解釈している。プロティノス（204-270）をはじめとする新プラトン主義者たちは、われわれが地上で時折経験する“理想の暗示”は、より高い存在の気配ないし影を感じているのだと考えた。このような考え方は、詩人のヘンリー・ヴォーン（1621-1695）やウィリアム・ワーズワース（1770-1850）のような夢想家や理想主義者にとって心の糧のようなものだった。画家のサミュエル・パーマー（1805-1881）も、1850年に制作したドライポイント・エッチング作品「牛飼いの小屋」（左ページの図版）のように、風景を使って物質を超えた霊的な状態の気配を暗示しようとした。

メランコリア I

知性の影

　古代の世界では、身体は4つの体液に支配されており、それらが気質——胆汁質、粘液質、多血質、憂鬱質——をコントロールしていると考えられていた（下の絵は4つの気質の擬人化）。このうち、憂鬱質（メランコリー）は「黒い」気質で、絶望しやすく、老年期とも関連しているとされた。しかし憂鬱質は知性的な気質ともみなされ、それゆえにルネサンス期にもてはやされた。また、憂鬱質が創造性と関連付けられたのもルネサンスの時代で、その結び付きは今も続いている。

　デューラーの版画「メランコリア I」（右ページ）は、その結び付きを初めて絵画で深く探求した、最も有名な例である。憂鬱の寓意である人物は、思索にふけっている。彼の顔にかかる影は気分の暗さとともにわずかな反射光を示している。後述するように、この時期にヨーロッパの芸術家たちは影を積極的に使う絵画表現を始めており、反射光は突如として影に新たな意味を与えることになる。

Le Colerique.　　　Le Sanguin.　　　Le Melancolique.　　　Flegmatique.

Les quatre Complections de l'homme.

アルブレヒト・デューラー（1471-1528）の「メランコリアⅠ」。人物の周りには、知的生活や神秘的なものに関連したシンボルがたくさん描かれている。例えば、右手奥の魔方陣には、この版画の制作年（1514）が刻まれている。この版画には多様な解釈があるが、自伝的な意図があり、デューラーは視覚芸術家を創造的かつ知的な人間として確立しようとしていたという点は広く認められている。

おとぎ話
現代の大衆文化に至る系譜

キリスト教が広まって以降、ヨーロッパのハイ・カルチャー（上位文化）では影を魂のあらわれとする見方はすたれたが、大衆の間では依然として高い人気を誇った。

近代において影を題材にして大きな影響を及ぼした作品のひとつに、ドイツの詩人・植物学者アーデルベルト・フォン・シャミッソー（1781-1838年）の『影をなくした男』（1814）がある。この作品は、影をテーマにした伝説的な作品となった。山あり谷ありのストーリーは今ではほとんど記憶されていないが、イギリスの挿絵画家ジョージ・クルックシャンク（1792-1878年）が、悪魔が主人公ペーター・シュレミールの影を折り畳む場面（右ページ左上）を卓越した解釈で描いて以来、影を売るシュレミールのイメージは人々の心に焼き付けられて離れなくなった。

人が影を失うというモチーフは多くの作家が使っている。ハンス・クリスチャン・アンデルセンが1847年に発表した『影法師』（右下はヴィルヘルム・ペダーセンによる挿絵）もその一例である。20世紀には、『ピーター・パン』でピーターの影が窓のところでちょん切れてしまう。保管してあったその影をウェンディが足に縫い付けてくれたことで、ピーターは影を取り戻す（左下の挿絵はマージョリー・トーリー作）。

クルックシャンクが描いた『影をなくした男』の挿絵。物語では、世間知らずの若者ペーター・シュレミールが、無限に金貨が出てくる「幸運の金袋」と引き換えに自分の影を悪魔に売ってしまう（左上）。しかし影のない男は誰からも信用されず、彼は次々と不幸に見舞われる（右上）。やがて悪魔は、魂と引き換えに影を返してやると持ち掛けてくるが、シュレミールは断る。

現代の大衆文学では、影はしばしば超自然的な力と結び付けられる。犯罪小説シリーズの『シャドウ』は、謎の人物が現れて困っている人々を助ける筋立てである。

心理学

フロイト、ユング、元型としての影

心理学者や精神分析医は、19世紀後半から、人間の心理を捉えるすべを発展させる中で伝統的な影の概念に取り組んできた。

精神分析学の祖であるジークムント・フロイトは、影を否定的に捉えた。影は彼にとって、人間の中にある暗い無意識の衝動を表していた。彼の分析プロセスは、そうした無意識の衝動という本能を明らかにし、人がそれをコントロールするのを助ける意図を持っていた。

しかし、彼の教え子でありライバルでもあったカール・ユングは、より肯定的な見方をしていた。ユングは伝統的な知恵に関心を持ち、人間の精神には生得的で普遍的で「集合的」無意識の一部をなす「元型（アーキタイプ）」があると考えて、その元型という概念を発展させた。彼は影を、人間の原初的な側面、特に性と生の本能に関わるものとみなした。影は野性、混沌、未知のものを表し、多くの場合、夢の中で敵、怪物、野生動物の形をとって姿を現すとされた。

人の心に潜む悪を知っているのは誰？
——影は知っている。

自分の中の悪魔を追い払うのは難しい。なぜなら、他の誰も抱きしめてくれない時、悪魔は抱きしめてくれるからだ。

外的世界

上の図（左）:
ペルソナ

自我

意識　　　　意識

自己

個人的無意識　　　　個人的無意識

集合的
無意識　　影　　集合的
無意識

アニマと
アニムス

内面世界

上：ユング心理学における人間の心の構造。健全な自己のためには完全に統合された影が必要とされる。

下と左ページ：影が人間の本性の中でどのように作用するかを表現した漫画。

右上：カール・ユングは、「もし私が影を落とさないとすれば、どうして私は実体のある存在たりうるだろう？　私が全体であるためには、暗黒面がなければならない」と論じた。彼は、あまりにも多くの人が自分の影の力を否定しているが、影は生きる力であり創造力の重要な源だと述べた。これは、古代中国の陰陽の概念と非常によく似ている。陰と陽は鏡像のように正反対で、互いに絡み合い、依存し合い、バランスを取っている。

「人は光の形を想像することによって悟るのではない。闇を意識することで悟るのだ」　　C・G・ユング

影

回避と対決

1. 影を認識する

2. 影から逃げる

陰翳礼讃

<ruby>陰翳礼讃<rt>いんえいらいさん</rt></ruby>

東洋の視線

1930年代に日本の作家・谷崎潤一郎が、東洋的な視点から影を肯定的に捉えた印象深い随筆を発表した。彼の『陰翳礼讃』では、西洋で影が否定的に捉えられていることに対比させて、影の繊細な風雅を愛でる東洋の感覚が論じられている。谷崎は、西洋流の近代化を光と行動の賛美と捉えた。彼は影や陰影を、東洋の知恵と美学の伝統的な属性である繊細さや深い思索の象徴と見なし、「日本座敷の美は全く陰翳の濃淡に依って生れているので、それ以外に何もない」と言い切った。西洋では、闇や脅威のイメージとしての影に焦点が合わされていたが、谷崎は陰影がもたらす妙趣や受容に目を向けたのだ。

「案ずるにわれわれ東洋人は己れの置かれた境遇の中に満足を求め、現状に甘んじようとする風があるので、暗いと云うことに不平を感ぜず、それは仕方のないものとあきら めてしまい、光線が乏しいなら乏しいなりに、却ってその闇に沈潜し、その中に自らなる美を発見する。然るに進取的な西洋人は、常により良き状態を願って已まない。蠟燭からランプに、ランプから瓦斯燈に、瓦斯燈から電燈にと、絶えず明るさを求めて行き、僅かな蔭をも払い除けようと苦心をする」。

上：吉田博（1876-1950）の版画「昌慶宮」。東洋の建築は屋内に陰影を取り入れ、「陰」を「陽」と並ぶ "存在の不可欠な一部" と捉える。

下：杉本博司の写真をもとに描かれたパステル画。

美術の起源

影の神話

人類がどういうきっかけで絵を描き始めたかは謎のままだ。知られている限りで最も古い美術作品は岩に刻まれたマークや写し絵で（下と右ページ）、その中にはホモ・サピエンスがヨーロッパにやって来るより前にネアンデルタール人が描いたものもある。西欧には、影を使って絵を描く行為がどうやって始まったかについて、古くから人口に膾炙してきた古典的な神話がある（右ページ上）。ローマの歴史家プリニウスが西暦77-79年頃に『博物誌』に記したところでは、事の起こりは古代ギリシャでの出来事とされている。「ある者はシキュオン

で、ある者はコリントスで発明されたと言うが、人間の影の輪郭線をたどることから始まったという点では一致している」。

この記述は、影の利用を述べている点が興味深い。西洋美術は、影に頼って画像を描いてきた唯一の絵画伝統である。この影の使い方は、実際の絵画の起源よりも、芸術はミメシス（自然界の形の正確な模倣）に基づくべきだという古代ギリシャの思想の方に強く関連している。ミメシスは長い間、西洋の美術伝統が他の文化より優れていることを示すしるしとして使われてきた。

コリントスの陶工の娘ブタデスの伝説。彼女は、恋人が長旅に出る前にその記録を残すため、ランプに照らされた彼の顔の輪郭を壁に描いたという。ジャン・バプティスト・ルニョー（1754-1829）による水彩画。

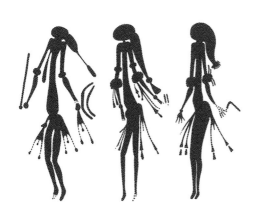

左ページ：アルゼンチンのクエバ・デ・ラス・マノス（「手の洞窟」）の壁に残された手の跡。紀元前1万1000年頃。現存する人類最古の絵はこれに似た手の影で、紀元前7万年頃にネアンデルタール人がスペインのマルトラビエソ洞窟に描いた。

左：西オーストラリアのブラッドショーの岩絵に描かれた3つの影の像。紀元前1万8000年頃。G・L・ウォルシュの著書より。

スキアグラフィア（陰影法）

影による錯覚

　自然の模倣としての芸術を追求したギリシャ人は、画期的な技術革新にも影を利用した。陰影付けの技法を導入して、2次元の面に描かれたものを3次元の形のように錯覚させたのだ。この工夫の発明者は、紀元前5世紀のアテナイの画家アポロドロスだとされている。この方法は、効果を生み出すうえで最も重要な役割を果たすのが陰影であるため、「影の描画」という意味のギリシャ語からスキアグラフィア（陰影法）と呼ばれた。

　残念ながらアポロドロスの作品は残っておらず、彼がどの程度まで影の表現を極めたのかは不明である。ギリシャ美術の他の作品やそれを模倣したローマ美術の例を見る限り、スキアグラフィアはキャストシャドウによる効果よりもむしろ像に陰影をつけることに大きく関係していたようである。しかし、テッサロニケのアギオス・アタナシオスにある古代マケドニアの墓で発見された紀元前4世紀のフレスコ画（下の絵はその一例）には、顔の部分的な影と身体のキャストシャドウが描かれており、当時の芸術家の少なくとも一部は、キャストシャドウと環境光による陰影の両方をよく理解していたことがうかがえる。ただ、この2種類の影が持つドラマチックな可能性はまだ十分に活用されていない。右ページの1世紀の絵も参照のこと。

ポンペイの「ディオスクリの家」に残る、西暦50年頃の古代ローマの壁画。わが子の殺害をたくらむメデイアが描かれている。ナックルボーンズ〔骨投げ遊び〕をしているふたりの子の体にははっきりした陰影がつけられ、彼らが遊んでいる台の影はメデイアの方向に延びている。これから恐ろしい罪を犯そうと考えているメデイアは、陰になっている場所に立っているように見える。ドラマチックな効果を意図して影が使われた、おそらくかなり早い時期の例だろう。

彫刻

影とレリーフ（浮き彫り）

ギリシャ人がスキアグラフィアを編み出すよりもずっと前から、彫刻家は作品のフォルム（形）を際立たせるために自然光の効果を利用していた。立体物である彫刻はどんな光の下でも自然に影ができ、それが彫刻のフォルムを理解する上で重要な役割を果たす。右ページのヤン・デ・ビスホップ作「バッカスとサテュロス」はその一例である。

レリーフ（浮き彫り）は自然の影を非常に緻密なやり方で利用している。浮き彫りの歴史は旧石器時代

まで遡る。現存する最も古い浮き彫りは、紀元前2万3000年頃に彫られたフランス南西部の「ローセルのヴィーナス」（右ページ右上）である。古代文明が凹凸の利用で得られる影の微妙な効果の活用を進めるに従い、浮き彫りという技法は広く普及していった。ルーヴル美術館が所蔵する紀元前1300年頃のメソポタミアの神マルドゥクのレリーフ（下）では、翼の細部の表現や、威厳のある眉を強調するための隆起などに、この手法が顕著に用いられている。

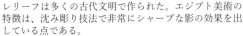

レリーフは多くの古代文明で作られた。エジプト美術の
特徴は、沈み彫り技法で非常にシャープな影の効果を出
している点である。

左上：エジプト、オンボスの神殿のヒエログリフ（紀元前
200年頃）。

右上：ローセルのヴィーナス（紀元前2万3000年頃）。

左下：カンボジアのアンコール・ワットにある水の精アプ
サラスの浮き彫り（12世紀）。

右下：「バッカスとサテュロス」。ミケランジェロの1497
年の彫刻をモデルにヤン・デ・ビスホップが1670年に制
作したエッチング。

影の復興

ルネサンス美術と「ぼかした」陰影

　中世の美術に影が全くなかったわけではないが、ルネサンスを迎えるまで影の使い方には何の進歩も見られなかった。15世紀になると油絵の技法が発達し、より写実的な表現への願望と相まって、影の表現に新展開が訪れる。表面につやがあり透明感のある油絵の具が登場し、光のニュアンスをより繊細に表現できるようになった。

　油絵がフランドル（オランダ）で開発されたのに対し、影に対する新しいアプローチが本格的に生み出されたのはイタリアにおいてであった。建築家・理論家のレオン・バッティスタ・アルベルティは、『彫刻論』(1464) で遠近法理論を展開する中で、キャストシャドウの有用性を語っている。

　それをさらに発展させたのが、影の使い方について5編の論文を書いたレオナルド・ダ・ヴィンチだ。彼は油絵の特性を活用してスフマートと呼ばれる技法を開発した（スフマートは「ぼやけた」「不明瞭な」の意で、語源は煙を意味するイタリア語）。これによって非常に繊細な影の表現が可能になり、陰影にかつてない微妙なニュアンスが与えられた。興味深いことに、レオナルドは境界が明確なあらゆる影に反対し、論文で「芸術家はキャストシャドウを避けるべきだ、なぜなら歪みがもたらされるからだ」と述べている。

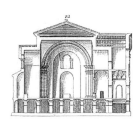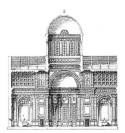

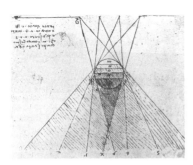

レオナルド・ダ・ヴィンチのスケッチ。
球体の本影と半影をどう計算して描くか
を示している。

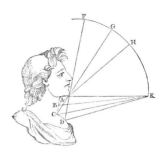

レオナルド・ダ・ヴィンチが下あご、首、
胸の相対的な陰影の値を決定する際に用
いた手法。

オランダの画家ペトルス・クリストゥス
（1415頃–1475）の「若い女性の肖像」。
顔の右側の陰影には、スフマート技法の
萌芽が見られる。

レオナルド・ダ・ヴィンチが1503年に描
いた「モナ・リザ」。スフマート技法を見
事に使い、有名な謎めいた微笑を表現し
ている。

影を描く
透視図法（遠近法）と表現手法

ルネサンス期の視覚芸術が生んだ革新的技法のひとつに、数学を応用して絵の中の空間の奥行きを正確に描き出す方法があった。これにより、初めて正確な影を描くことが可能になった。イタリアからオランダまでの多くの画家が、完璧な遠近法で物体を描くだけでなく、その物体の影も描けるようになったのだ。この基本的なテクニックは現在も変わらず使われている。

透視図や製図における影の投影は、英語ではsciagraphy（サイアグラフィ）と呼ばれる。右ページでは、典型的な透視図のスケッチ2点と、平面図と立面図を用いた正確な影の投影の例2点を示している。太陽のような単一の点光源は明確な境界を持つ影を落とすので、このような技法が適している。複数の光源が

ある場合や、近い距離で広い面からの光線が届く場合には、もっといろいろな問題を考慮しなければならない（本書2ページの図を参照）。

影の描き方にはさまざまな技法がある。印象派の画家ピエール＝オーギュスト・ルノワール（1841–1919年）は、「真っ黒な影はない、必ず色がある。自然は色しか知らず、白と黒は色ではない」と言っている。フィンセント・ファン・ゴッホ（1853–1890年）は、鮮やかな緑や紫を影に混ぜたことで知られる。鉛筆や木炭で描く影は濃淡をつけたりぼかしたりできるし、ペンとインクだけでも多様な陰影表現が可能だ（下図参照。左から順に、スティップリング（点描）、等高線、ハッチング、スカンブリング、クロスハッチング、スクリブリング）。

i.　　ii.　　iii.　　iv.　　v.　　vi.

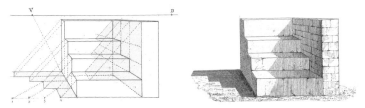

階段が落とす影の位置は、光の角度がわかれば割り出せる。太陽光線はどの場所にも同じ角度で届く。影は階段と同じ消失点を持つ。

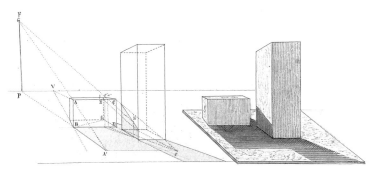

単純な幾何学を用いて、点光源からの光が作る影を正確に描く方法。この図は、アルフ・ブルゲスのスケッチブック（1880年、パリ）より。（courtesy Victor Wynd）

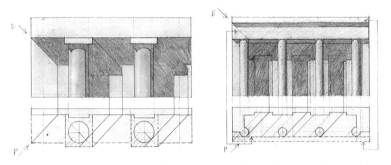

チェルシー・テニスによるサイアグラフィの2つの例。建築や機械設計の平面図や立面図を用いて非常に正確な影を投影し、陰影をつけてリアルさを出すことができる。

建築における影

正確さと遠近感

影は、常に建築物の効果の重要な部分を担ってきた。ヨーロッパの伝統的建築にも、他の地域と同様（26ページ参照）、明暗の対比や神秘性、内面性や深い思考を表現するために影を使用してきた歴史がある。中世の荘厳なゴシック様式の大聖堂の内部はその一例である（右ページ上の図を参照）。

ルネサンスの到来とともに、フォルムの表現という面を重視して、光の効果を高めるために影を利用しようとする傾向が強まった。アメリカの建築家ルイス・カーンはそれを「素材は影を落とし、影は光に属する」と表現している。ルネサンス期以降、数学的な思考を用いた遠近法、製図、印刷によってもたらされた新しい可能性が、その傾向をさらに押し進めた。

左上：ルネサンス期の建築家レオン・バッティスタ・アルベルティの芸術と建築に関する論考に収録されている柱列の版画。影を使ってフォルムの力強さや壮大さを表現している。

右上：ハールレム（オランダ）の聖バーヴォ教会の回廊。ピーテル・ヤンス・サーンレダム（1597-1665）の絵。

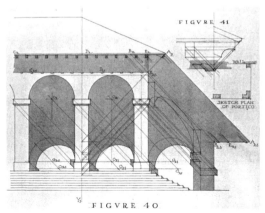

左：ヘンリー・マクグッドウィンの論文『建築の陰影と影』(1904) の図版。陰影が建築設計図の一部をなしている。

左ページ：古代ローマの黄金時代のフォロ・ロマーノの様子を描いたイメージ画。日陰のエリアは、美学上の目的（フォルムの強調）だけでなく、暑さ避けや雨に濡れないことも目的として設計されていた。

カラヴァッジョとキアロスクーロ

キャストシャドウの利用

　レオナルドは、キャストシャドウは優雅さに欠け、フォルムを誇張する傾向があるとして、画家たちにキャストシャドウを使わないよう勧めていた。しかし、その1世紀後、イタリアの画家カラヴァッジョ（1571−1610年）がはっきりしたキャストシャドウを使うようになり、それが作品を演劇的で魅力的なものにすることを示してみせた。

　カラヴァッジョの「聖マタイの召命」（1600年、右ページ上）は、収税人マタイが友人たちと酒盛りをしているところにキリストが現れて声をか

け、弟子にする場面を描いている。光に照らされた人々の姿が浮き彫りのように見える。画面の外にある壁が投げかける影がキリストからマタイへ向かうくっきりした闇の線を描き、その闇の中でマタイを指すキリストの手が強調されている。

　ローマで活動していたカラヴァッジョは、この手法をイタリア語の「キアロスクーロ（明暗）」という言葉で表現していたが、すぐにヨーロッパ中に追随者が現れた。レンブラント（1606−1669年）もそのひとりである。

上：カラヴァッジョは影を使って古い物語を新しい魅力的な形で表現し、絵に演劇のような臨場感を与えた。

下：レンブラントの1649年のエッチング「病人たちを癒すキリスト」は、キアロスクーロを使って構図を強調している。

左ページ：キアロスクーロを用いた木版画「奇跡の漁り」（1525頃）。ゲオルク・バゼリッツおよびアルベルティーナ美術館（ウィーン）所蔵。

レンブラント

環境光によって作られる影

オランダの偉大な画家レンブラントは、キャストシャドウの劇的な効果と環境光が作る影の微妙なニュアンスを組み合わせることで、キアロスクーロに新たな深みと内省的な味わいを与えた。ある意味ではレオナルドのスフマートの繊細さを取り入れたと言えるが、レオナルドが神秘的な美を表現するためにスフマートを用いたのに対し、レンブラントは普通の人間のディテールを探求するために用いた。レンブラントは、老いとともに増える皺（しわ）の表現に長けており、暖かい目で人間を観察して、同時代のオランダ人画家を特徴づける光と影の表現を探求した。

左：レンブラント「しかめっ面の自画像」(1630頃)。レンブラントによる影の利用法から生まれたのが、現在"レンブラントライティング"と呼ばれている照明技法で、初期の映画でも広く利用された。光源と反対側の頬に小さな三角形のハイライトを入れるのが特徴で、頬骨の高い人には非常に効果的である。

左ページ：ヨハネス・フィッシャー(1633-1692)のエッチングを題材とした、レンブラントの三角形の分析。

左下：シャルル・エミール・ジャック(1813-1894)のエッチング「祈る修道士の頭部」。鼻に「レンブラントの三角形」が見える。

右下：環境光によって作られた影。シャルル＝アルベール・ワルトネル(1846-1925)がレンブラントの「夜警」を模写したエッチングの一部分。

啓蒙主義時代

ラヴァーターと影絵

18世紀のスイス系ドイツ人作家ヨハン・カスパー・ラヴァーター（1741−1801年）は、人の影の輪郭をたどることができる「シルエット描写装置」を発明した（下の1783年の素描を参照）。ラヴァーターは、人のシルエットの各部分の比率がその人の性格を客観的に示すと考えていた（当時は、身体的な外見で個人や人種をステレオタイプ化しようとする考え方があった。この考え方は現在では疑問視されている）。

ラヴァーターのシルエット技法は当時の注目を集め、1800年頃には影を利用したアウトライン・ポートレートが流行した。作家のジェーン・オースティンもシルエット肖像画を作ってもらっている（右ページ右上）。

左：シャルロッテ・フォン・シュタインの胸像の前に立つ J・W・ゲーテのシルエット（1780頃）。

上：ジェーン・オースティンのシルエット（1815）。

シルエットを背景に入れ込んだ絵。ロシアの女帝エカチェリーナ2世の胸像の前で植樹するパーヴェル・ペトロヴィチ大公、マリア・フョードロヴナ大公妃と息子たち（1784）。

中国の影絵

動く投影像

18世紀にシルエットが注目されるようになったのは、中国に古くから伝わる影絵（皮影戯）がヨーロッパに紹介されたことも背景にあった。伝説によれば、漢代の紀元前100年頃に、子供たちが真昼の太陽の下で日傘を使って影絵を作っているのを見ていた方士・李少翁が影絵を思いつき、愛する側室の死を悲しんでいた武帝の前で影絵を使って側室の魂を呼び出したことが始まりとされている。

西欧で模倣された当初は *Ombres chinois*（中国の影）と呼ばれた影絵芝居は、切り抜いた人形を光源と半透明のスクリーンの間で動かすものだった。初期の影絵は光が弱くて薄暗かったが、幻灯機（48ページ）の開発により、観客の前のスクリーンに映像を拡大して映し出すことができるようになった。

影によるいろいろな形の表現は、光源の前に手をかざして影絵を作る遊び（右ページ上）の発達も促した。この手影絵遊びは「シャドグラフィー」とも呼ばれる。

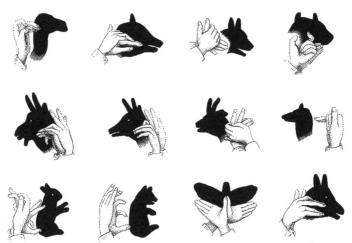

上：手影絵（シャドグラフ）は、19世紀に趣味として人気だった。

下：フアン・リョレンスがデザインした中国式影絵芝居用の図案。1859年。

左ページ：18世紀の中国の影絵人形。腕は可動式で、手に付けられた棒で操作する。

幻灯機

影とファンタジーの投影

投影像は、シルエットポートレートという特殊な肖像画の誕生をもたらした一方で、視覚的表示の分野での新たな展開を後押しした。それが、幻灯機を使ってガラスに描かれた絵を壁やスクリーンに拡大投影する技法である（下図）。17世紀に発明された幻灯機は、18世紀後半にレンズの進歩とより強力な光源の開発によって多様な映像の投影が可能になったことで、大人気を博した。

シルエットポートレートの影が一種の人間分析だったのに対し、幻灯機は演劇面における可能性を開拓した。幻灯は19世紀を通して娯楽として根強い人気を誇り、音楽などの効果を加えたファンタスマゴリアと呼ばれるショーも現れて、同じ投影原理を用いる映画（54ページ）が20世紀に発展するための土台を築いた。

初期の幻灯ショーの様子（1820頃）。手描きの絵に即興でキャストシャドウを使用して効果を加えている。

16世紀後半に普及したカメラ・オブスクラの原理を説明した版画。大きく暗い箱の壁にあけた小さな穴から外の世界の反転した像が内壁に投射され、中にいる人はそれを見ることができる。ピンホールカメラと同じ原理で、幻灯にも類似の原理が含まれている。

F・マリオンの著書『光学』（1867）中の、ロバートソンのファンタスマゴリアを描いた図版。観客から見えない場所にある幻灯機を使って、骸骨や悪魔や幽霊の映像を壁、幕、シーツ、煙などに投影し、効果音をつけて観客を怖がらせた。このショーは、18世紀後半にドイツで降霊術のために開発されたトリックから発展した。

ロマン主義
ミステリアスな影

ロマン主義時代の芸術家たちは、幻灯機が形而上学やファンタジーのための影を取り戻したのを見て大いに喜び、その手法に魅了された。代表的な例が、幻想的な風景画を追求したサミュエル・パーマー（1805-1881年）である。彼は予言的な詩人で画家・版画家でもあったウィリアム・ブレイク（1757-1827年）の友人で、自然の中に冥界の幻影を求めた。

パーマーは回想録の中で、少年時代に月に照らされたニレの枝の影が壁に映ったのを見て、プラトンの「自然界は高次の現実の影である」という考え（18ページ）に似た思いを抱いたと述べている。パーマーは、影になると木が変形して見えることに心を奪われ、そこに人を日常の向こう側へ導いてくれる可能性が示唆されていると考えた。「私はあの影を忘れたことはなく、以来、頻繁にあの影を描こうとしている」と彼は言う。そして実際に、

さまざまなものを想起させる彼の絵の中の木の多くは、そのフォルムが神秘的な影に基づいているように見える。

20世紀には、ダーウィンの孫娘であるグウェン・レイヴラット（1885-1957年）のような木版画家が、木の影や反射をさらに追求した。彼女の1935年の版画「湿地——ケンブリッジの風景」（下）はその一例である。

サミュエル・パーマーの作品。上:「ヒノキの木立」(1868頃)。エッチング。
下:「月光、羊のいる風景」(1832)。水彩。

現代美術における影

影のない絵と表現主義

西洋美術において文字通りのリアリズムへの関心が薄れていく中で、リアリティを錯覚させる手段として影が持っていた中心的な地位が揺らぎだした。色と光の効果の表現に腐心した印象派の画家たちは、影を暗所ではなく色彩を持つ部分として捉えることを宣言した。クロード・モネ (1840-1926年) は積みわらの絵でこれを実行し、例えば干し草の山の影を紫がかった色にして周囲の畑の色を「際立たせ」た (右ページ右上)。やがて、色へのこだわりから影を完全になくしてしまう画家たちも現れた。アンリ・マティス (1869-1954年) は影を強烈なパターンと鮮やかな色に置き換え (右ページ左上)、また、L・S・ラウリー (1887-1976年) を代表とする "素朴な" リアリズムにおいても、影のない絵が評価されるようになった (右ページ下)。

象徴主義や表現主義では、影は不吉なものや未知のものを示唆するために用いられた。エドヴァルド・ムンク (1863-1944年) は1895年の「思春期」(下) で、ベッドの上に裸で座っている少女の影を使って性への目覚めに対する怖れや不安を表し、未知のものやコントロールできないものが間もなくやって来る予感を表現している。

左：マティスの「音楽」(1939) は色と輪郭線を使っているが、影はない。
右：モネの積みわらの絵の1枚。影を紫色で表現している。

L・S・ラウリー「出勤」(1944)。足元に影がないことで、彼の描く人物には独特の痛々
しさが感じられ、産業社会の風景の中での孤立感を匂わせている。

映像の中の影
表現主義から銀幕へ

映画は、おそらく究極の"影の芸術"だろう。「プラトンの洞窟」の末裔である映画は、暗闇の中に座る私たちの前の壁（スクリーン）に影を投影して物語を見せる。映画がまだフィルムで映写され、ほとんどが白黒であった時代には、そのことがもっとわかりやすかったに違いない。草創期の映画作りにかかわった人々は、ストーリーや演出の中で影をどう使うかに工夫を凝らした。

おそらく、影が最もドラマチックかつ実験的に使われたのは、前衛芸術家たちが映画を芸術の一形態として利用し始めた時だろう。初期のドイツ映画における表現主義芸術の影響、キアロスクーロ（40ページ参照）の幅広い利用、ロシアの編集技術などは、すぐにハリウッドでも採用された。

銀幕の時代の映画は白黒だったため、投影された影の形や効果が非常に重視された。カリガリ・スタイルの誇張表現（右ページ左上）と並んで、画面の人物の内面の思考を表現するための影の利用もあった。セシル・B・デミル（1881-1959年）は、深い陰影のある顔を撮影するためにレンブラントライティング（42ページ参照）を採用し、ドラマ性と表現力を高めた。

Prana Film

Mercury / RKO Radio Pictures

左：「カリガリ博士」(1920)。誇張して投影した影を使ってカリガリ博士の邪悪な側面を示している。　右：ヒッチコックの「断崖」(1941) での影の使い方。

左：ビリー・ワイルダーは、「深夜の告白」(1944) の主人公が自分の企みの思わぬ展開を知る場面で、レンブラントライティングと特殊な影を用いた。

右：スタンリー・キューブリックの「時計じかけのオレンジ」(1971)。影の効果が際立つ。

左：フランク・タトルの「拳銃貸します」(1942)。影を複層的に重ねている。

右と左ページ右：オーソン・ウェルズの名作「市民ケーン」(1941) の環境光による影とシルエットだけの人物表現。

左ページ左：F・W・ムルナウ監督の「吸血鬼ノスフェラトゥ」(1922) の吸血鬼。

影とパラドックス

予測不能なことを創造する

シュルレアリスム運動の中では、影の非合理的で逆説的な使い方の新たな可能性が模索された。ジョルジョ・デ・キリコ（1888–1978年）の「通りの神秘と憂鬱」（右ページ上）は、建物の向こうに隠れた人物の影を描き、手前の少女の方は影が突如として命を得たかのような純粋なシルエットにすることで、不吉な予感を抱かせる。フロイト以後の世界では、こうした視覚的な夢は新たな心理的な力を持った。

より数学的なアプローチを取ったのが騙し絵の巨匠マウリッツ・エッシャー（1898–1972年）で、影を自在に使って形を反転させた。「昼と夜」（下）では明暗を使うトリックで、明るい色の鳥が夜の風景の上を飛び、同じ形をした影が同じ風景を左右反転させた昼間の空を飛ぶという不思議な場面を描き出している。

左：ジョルジョ・デ・キリコ「通りの神秘と憂鬱」(1914)。

下：アントニー・ゴームリー「自己と非自己 II」(1996)。ゴームリーの別の作品では、観客が標識の上に足を置くよう求められ、投影された観客の影が彫刻となる。これは、現代の疎外感がいかにして人間を自分自身の影にまで単純化してしまうかを象徴している。

おわりに——影は永遠に
永遠の追いかけっこ

　モダニズムからの批判や攻撃にもかかわらず、影は芸術の中に存在し続けている。ゴームリーによる影の使い方（57ページ）に見られるように、影は現代世界においてもその力と影響力を全く失っていない。コンピューターグラフィックスのデジタルモデリングの発展において、影の構築が重要な役割を果たしてきたのも、そのしるしである。

　影は今も、われわれを取り巻いている。芸術においても、人生においても。

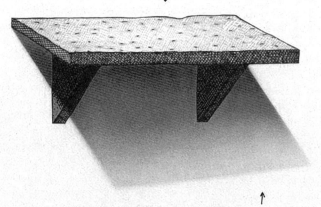

HIS FORMER SHELF

↓

SHADOW OF HIS FORMER SHELF

↑

STINE

© Richard Stine

リチャード・スタイン「昔の彼の棚　昔の彼の棚の影」
His former self（以前の彼）、Shadow of his former self（彼の昔の面影）という英語表現にひっかけた言葉遊び。

著者●ウィリアム・ヴォーン

世界的に知られたロマン派の美術史研究者。現在はロンドン大学バークベック・カレッジ名誉教授（美術史）で、ロンドンとサマセットで暮らしている。

訳者●駒田曜（こまだ よう）

翻訳家。訳書に『フラクタル』『古代マヤの暦』『錯視芸術』『幾何学の不思議』（本シリーズ）などがある。

影の不思議 光がつくる美の世界

2021年6月10日　第1版第1刷発行

著　者　ウィリアム・ヴォーン

訳　者　駒田曜

発行者　矢部敬一

発行所　株式会社 創元社
　　　　　〈本　　社〉
　　　　　〒541-0047　大阪市中央区淡路町4-3-6
　　　　　TEL.06-6231-9010（代）　FAX.06-6233-3111（代）
　　　　　〈東京支店〉
　　　　　〒101-0051　東京都千代田区神田神保町1-2 田辺ビル
　　　　　TEL.03-6811-0662（代）
　　　　　https://www.sogensha.co.jp/

印刷所　図書印刷株式会社

装　丁　WOODEN BOOKS

©2021, Printed in Japan
ISBN978-4-422-21536-5 C0340

本書の感想をお寄せください
投稿フォームはこちらから